探访海洋大白鲨

张劲硕　史军◎编著　余晓春◎绘

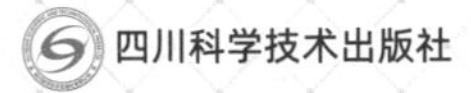

图书在版编目 (CIP) 数据

探访海洋大白鲨 / 张劲硕，史军编著；余晓春绘
. -- 成都：四川科学技术出版社，2024.1
（走近大自然）
ISBN 978-7-5727-1214-2

Ⅰ. ①探… Ⅱ. ①张… ②史… ③余… Ⅲ. ①鲨鱼－少儿读物 Ⅳ. ① Q959.41-49

中国国家版本馆 CIP 数据核字 (2023) 第 233978 号

走近大自然　探访海洋大白鲨

ZOUJIN DAZIRAN　TANFANG HAIYANG DABAISHA

编 著 者　张劲硕　史　军
绘　　者　余晓春

出 品 人　程佳月
责任编辑　潘　甜
助理编辑　叶凯云
封面设计　王振鹏
责任出版　欧晓春
出版发行　四川科学技术出版社
成都市锦江区三色路 238 号　邮政编码　610023
官方微博　http://weibo.com/sckjcbs
官方微信公众号　sckjcbs
传真　028-86361756
成品尺寸　170 mm × 230 mm
印　　张　16
字　　数　320 千
印　　刷　河北炳烁印刷有限公司
版　　次　2024 年 1 月第 1 版
印　　次　2024 年 1 月第 1 次印刷
定　　价　168.00 元（全 8 册）

ISBN 978-7-5727-1214-2

邮　购：成都市锦江区三色路 238 号新华之星 A 座 25 层　邮政编码：610023
电　话：028-86361770

目录

MULU

探访海洋大白鲨

大白鲨是海洋中最具标志性的食肉动物之一。尽管大白鲨知名度很高，人们对它的生活习性却知之甚少。在过去，科学家通过电子标签对美国加利福尼亚州附近海域的大白鲨进行了研究，发现它们每年都要进行长途迁徙，往返于近海觅食地和公海栖息地。每年秋冬，大量大白鲨在加利福尼亚州中部海岸的国家海洋保护区觅食，享用以海豹和海狮为主的大餐。到了春天，成年大白鲨会迁徙到位于夏威夷州和加利福尼亚半岛之间的一片开放海域。科学家把该海域称为“大白鲨咖啡厅”。

多位海洋学家、生物学家和生态学家组成科考队，登上施密特海洋研究所的“佛克号”海洋调查船。他们的目的地正是“大白鲨咖啡厅”。

对于这样的亚热带远洋开放海域环境和在那里聚集的大白鲨，科学家所知不多。科学家希望通过这次科考回答很多问题，如“大白鲨咖啡厅”对大白鲨有什么特殊吸引力？大白鲨在“大白鲨咖啡厅”里吃什么？大白鲨和“大白鲨咖啡厅”的生态环境之间存在什么相互作用？

要想回答这些问题，科学家必须全方位了解“大白鲨咖啡厅”的生态环境和大白鲨在该海域的活动。科学家分别从大白鲨生态学、水域生态学、分子生态学和生物海洋学等不同角度，研究了“大白鲨咖啡厅”的生态环境和大白鲨在这里的活动。同时，科学家也通过此次科考探究各种研究工具和技术用于开放海域观测的可行性。

让大白鲨"带路"

2017年秋冬，芭芭拉·布洛克团队一直在加利福尼亚州附近的国家海洋保护区工作。他们乘坐小型科学调查船出海，用沙丁鱼作诱饵，把大白鲨吸引到调查船附近，然后用工具给它们安装电子标签。

芭芭拉·布洛克是此次"大白鲨咖啡厅"科考活动中的首席科学家，研究大白鲨已有很多年。她通过长期追踪电子标签信号，渐渐掌握了大白鲨迁徙规律，也发现了"大白鲨咖啡厅"的存在。

为什么大白鲨会聚集在"大白鲨咖啡厅"？它们在那里做什么？多年来，这些疑问一直萦绕在芭芭拉·布洛克的脑海中，但却一直得不到解答。直到她60岁那一年，她终于等到一个解开这些疑问的机会——她登上了"佛克号"海洋调查船，进行了一次"大白鲨咖啡厅"科考之旅。

尽管芭芭拉·布洛克可以称得上是全世界最了解大白鲨迁徙行为的人之一，她却依然担心不能顺利找到“大白鲨咖啡厅”。科学家推测的“大白鲨咖啡厅”坐标准确吗？如果“大白鲨咖啡厅”不是一个固定区域，而是随洋流变换位置，又该怎么办？为了确保到达正确位置，芭芭拉·布洛克决定让大白鲨为“佛克号”海洋调查船“带路”。

当“佛克号”海洋调查船向预定海域航行时，大白鲨身上的电子标签开始陆续弹出。一开始，科学家探测到的几个电子标签都处在预定海域以外的位置，其中一个甚至位于夏威夷群岛附近，这让芭芭拉·布洛克很担心。后来，“佛克号”海洋调查船到达亚热带环流附近，又一个电子标签发出信号。该信号正好来自“大白鲨咖啡厅”中央。过了一会儿，“佛克号”海洋调查船又接收到另一个电子标签在“大白鲨咖啡厅”西北角发出的信号。第二天早上，又有两只大白鲨出现在“大白鲨咖啡厅”海域，新增了两个电子标签。

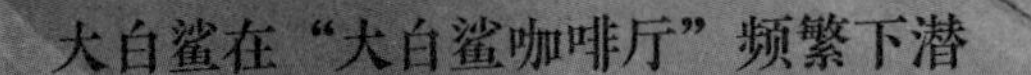

大白鲨在“大白鲨咖啡厅”频繁下潜

几个月的辛苦准备终于有了结果。大白鲨身上的电子标签揭示了它们在“大白鲨咖啡厅”中不同寻常的潜水行为。此前研究发现，大白鲨在“大白鲨咖啡厅”会频繁下潜，与它们在沿岸海域只待在浅层海水中的习惯完全不同。有科学家猜测，大白鲨下潜是为了觅食，下潜深度可能与不同水层中食物的多样性和丰富程度有关；也有科学家认为，这可能是一种求偶行为，如雄性在清澈温暖的“大白鲨咖啡厅”里寻找雌性。

在此次科考中，科学家发现，不同性别大白鲨的潜水模式有很大差异。雄性大白鲨在这片海域会进行“快速振荡下潜”（又称“跳跃式下潜”）。雌性大白鲨白天长时间停留在200～400米深的水下，晚上在浅层海水中游弋。雌性大白鲨下潜规律与微型游泳生物的昼夜迁移规律相符，这似乎表明它们是为了觅食而潜水。雄性大白鲨频繁下潜的行为或许与寻找配偶有关，科学家将对此做进一步研究。

弹出式卫星档案标签
声学标签

探秘“海洋荒漠”

“大白鲨咖啡厅”位于太平洋中部的一片开放海域，远离海岸，海床也很平缓。通常，这样的海域不利于养分流入和汇集，生物密度很低。科学家把这样的海域称为“海洋荒漠”。但大部分成年大白鲨每年会在这片海域待上好几个月，一些雌性大白鲨甚至会长期停留在“大白鲨咖啡厅”。这些顶级捕食者为什么会在看似缺乏食物来源的“海洋荒漠”中长期停留？这片“海洋荒漠”中还隐藏着怎样的生命？

“大白鲨咖啡厅”位于北太平洋环流东北边缘的一个特殊位置上，东边是加利福尼亚寒流，该寒流沿着美国西海岸南下，带来寒冷、营养丰富的海水。

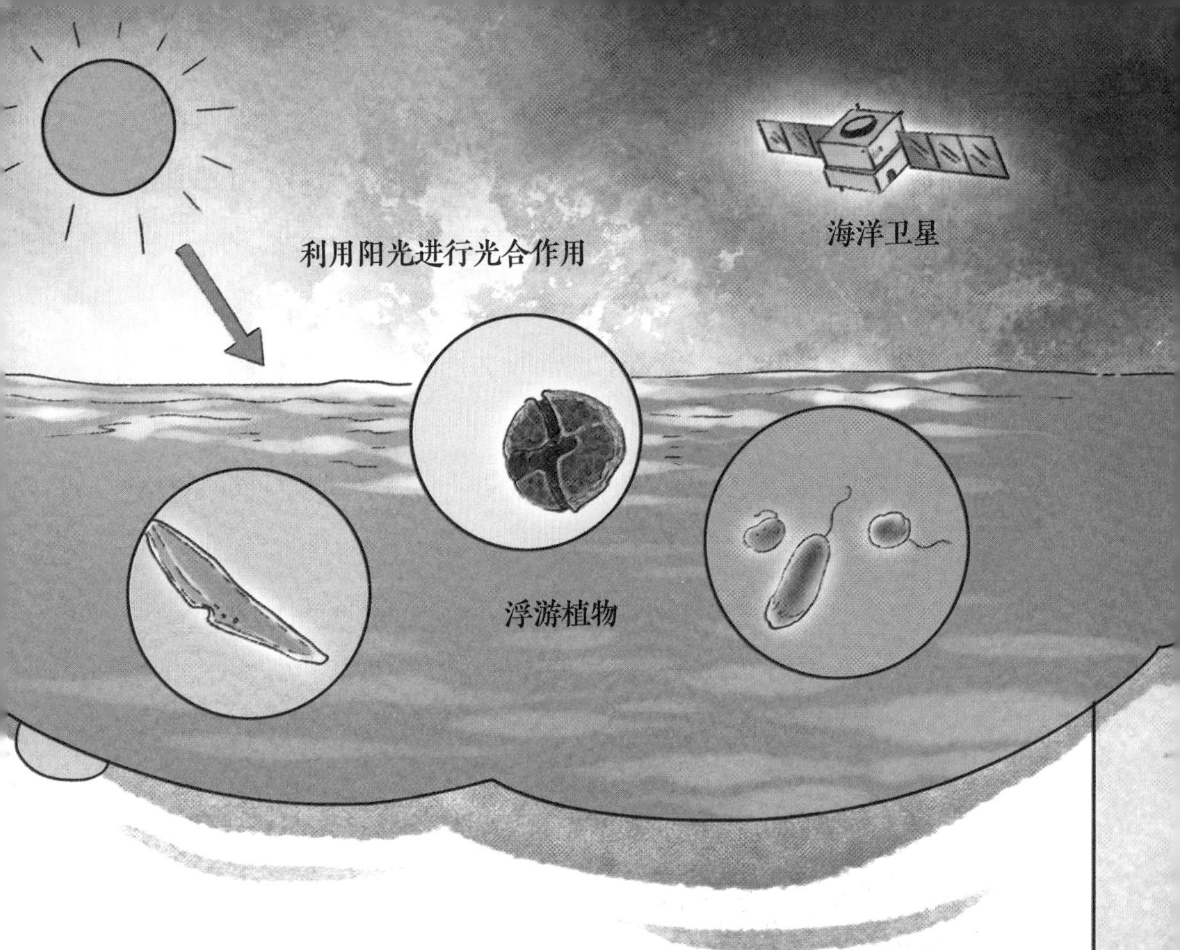

“大白鲨咖啡厅”西边是赤道上升流区，海水中富含浮游植物。科学家运用各种先进技术和设备，从多个角度首次测定这片海域的海洋学和生态学数据。

一些被称为“浮游植物”的生物是组成开放海域食物网的基础。浮游植物一般生活在表层海水中，利用充足的阳光进行光合作用。卫星图像显示，“大白鲨咖啡厅”表层海水中叶绿素含量极低，也就是说这里的浮游植物很少，不足以支撑复杂的食物网。这也是“大白鲨咖啡厅”被认为是“海洋荒漠”的重要原因之一。

直到科学家对“大白鲨咖啡厅”进行实地考察，才发现这里的生物比想象中丰富得多。首先，科学家对不同深度的海水进行取样，测定叶绿素含量。令他们惊讶的是，根据海水叶绿素浓度来看，“大白鲨咖啡厅”里浮游植物并不少，只不过隐藏在略深的海水中，因此卫星无法探测到它们的存在。

丰富的浮游植物为多种小型海洋生物提供食物来源，这些小型海洋生物又被更大的海洋生物捕食，一条条食物链由此形成。随着进一步研究，“大白鲨咖啡厅”中的食物网结构逐渐清晰。

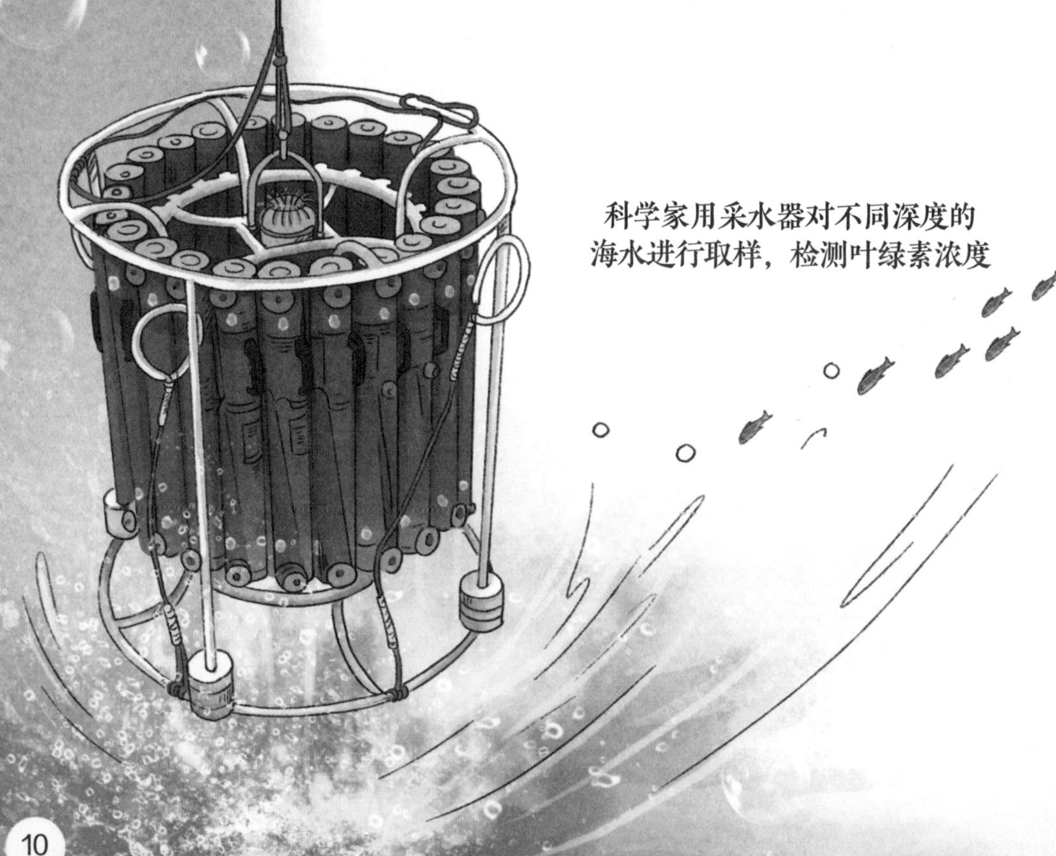

科学家用采水器对不同深度的海水进行取样，检测叶绿素浓度

水下影像观察是研究海洋生物多样性最直观的方法之一。科学家使用了诱饵远程摄像机来拍摄透光区（不超过200米深的海水层）生物，并用遥控潜水器探索中层带（200～1 000米深的海水层）生物。遥控潜水器配有高清摄像头和高亮度照明灯，这让科学家能够直接观察到水下生物。

遥控潜水器每次潜水时间都很长，当它在广阔海域探索时，科学家大多数时候只能看见深浅不一的蓝色。尽管如此，遥控潜水器的每一次下潜都为科学家了解“大白鲨咖啡厅”提供了新信息。在遥控潜水器拍摄的影像中，科学家看到了很多熟悉的生物，也发现了一些新面孔。“大白鲨咖啡厅”的生物密度比预想的更高，而且不同物种呈现明显的分层分布。

利用遥控潜水器探索中层带海洋生物

“一网打尽”

清晨，拖网研究小组已经结束拖网捕捞，开始对夜间采集到的不同样本进行分类。拖网捕捉到的海洋生物多种多样，包括水母、虾和鱿鱼等。这一天，他们有一个意外惊喜——发现了一条雪茄达摩鲨。这是一种令人印象深刻的动物，它通常会攻击金枪鱼等大型鱼类和海洋哺乳动物，先狠咬一口，再以身体回转的方式撕扯猎物身上的肉。所有鲨鱼都会在一生中不断更换牙齿，而雪茄达摩鲨的牙齿总是整排更换，以确保它们总能咬下猎物身上的肉。

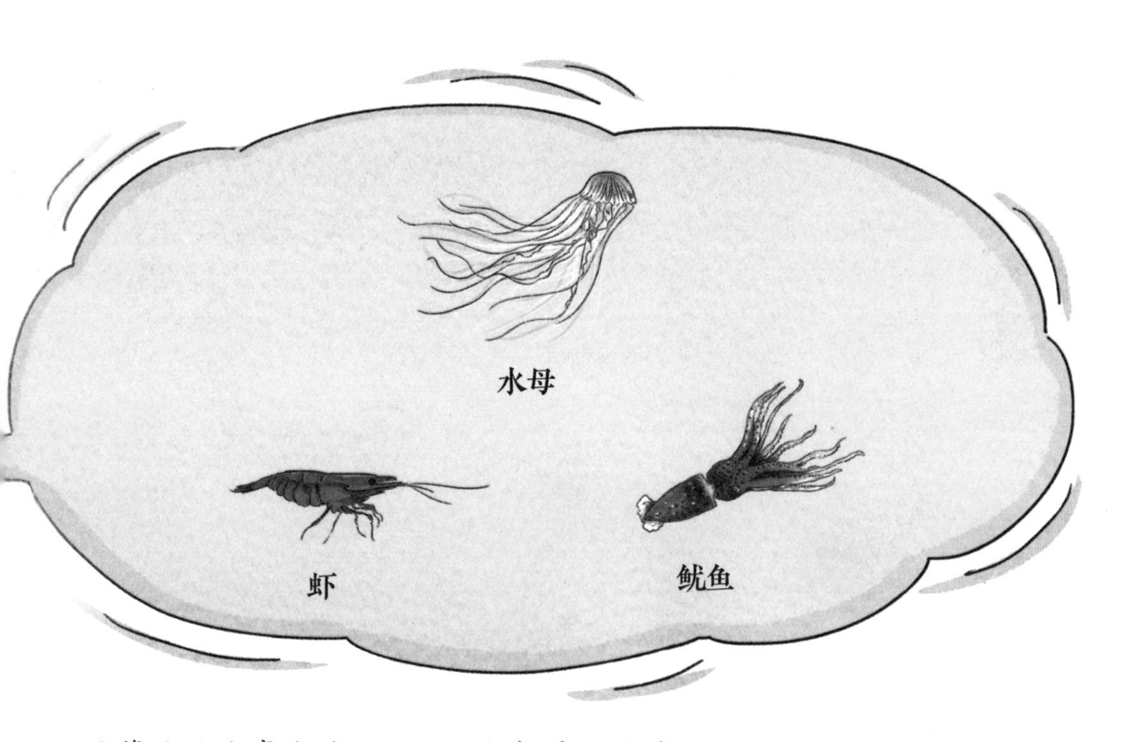

尽管雪茄达摩鲨引人注目，它却并不是科学家的主要目标。科学家使用拖网是为了捕捞分布在深海散射层的小型海洋生物。深海散射层是海洋中生物密度很高的水层。由于大量海洋生物聚集在这一水层，声呐发出的信号在此被散射和反射，因而有时该水层会被误认为是海床。“佛克号”海洋调查船和水下无人机都配有回声测深仪，用以探测深海散射层的位置。

深海散射层中的海洋生物主要是一些小型鱼类、鱿鱼和水母等。它们在海洋食物网中扮演着重要角色。芭芭拉·布洛克把深海散射层称为“海洋花生酱”，因为几乎所有大型海洋生物都能在这里享受到富含能量的“零食”。为了弄清大白鲨在“大白鲨咖啡厅”吃了什么，科学家使用拖网对可能存在于大白鲨“食谱”中的小型海洋生物进行了采样。

这些海洋生物白天躲在黑暗的深海，尽量远离捕食者的视线。在夜晚，它们会向上游到海水表层觅食。因此，拖网捕捞都在夜间进行。在“佛克号”海洋调查船上安装好拖网后，科学家在随后的几个小时里随时注意回声测深仪，以对深海散射层进行定位，引导拖网到达正确位置。科学家使用了两种不同类型的拖网：一种用于浅海，目标是捕捉在黑暗中游到海水表层觅食的海洋生物；另一种则会下沉到水下几百米深，捕捉那些夜间不会游到海水表层的海洋生物。然后科学家可以比较这些样本，推断哪些海洋生物每天上下迁移，哪些长期生活在表层海水或深海中。

清晨，拖网回到船上，科学家在随后的几个小时里把采集到的所有海洋生物分类，得出采样海域的生物多样性指数。首先，通过排水体积对样本中的海洋生物总量进行初步测量：将海水倒入一个带刻度的器皿中，然后放入拖网捕捉的生物，通过测量水位上升情况来估算海洋生物总量。然后，辨认采集的海洋生物分别属于什么物种。这需要用到非常传统的研究方法：查阅物种分类手册，根据不同物种形态上的细微区别来确定其分类。

灯笼鱼是在样本中发现的最常见的生物之一。事实上，灯笼鱼是所有脊椎动物中分布最广、种类和数量最多的物种之一。世界上大约有 200 种灯笼鱼，科学家在“大白鲨咖啡厅”用拖网收集到了几十种灯笼鱼，以及其他许多深海鱼类，如巨口鱼、钻光鱼等。科学家对采集到的每一种长度超过 2 厘米的海洋生物体都做了测量和分类，并记录在案，还对一些特殊物种的 DNA 也做了记录，以便日后分析。

水下滑翔机

这种外形像鱼雷的水下机器人配有海洋遥感传感器，能监测海水温度、盐度、含氧量、叶绿素浓度和有色可溶性有机物浓度，每隔几秒就记录一次检测数据。它还配备了声波接收器，能探测附近携带电子标签的大白鲨或其他海洋生物，记录它们的活动情况。科学家希望利用水下滑翔机的机动性和自主性，探究被标记生物与海洋次表层环境条件的关系。

水面无人机

在“佛克号”海洋调查船起航前一个月，两架水面无人机已经对“大白鲨咖啡厅”所在的海域进行过探测。这种形如帆板的无人机依靠风力推进，由太阳能电池板为搭载的设备供能，能够胜任长时间、长距离的海洋探测任务，并将搜集的数据实时上传。水面无人机携带回声定位装置，用以探测聚集大量生物的深海散射层，确定其深度，以便此后用遥控潜水器和拖网做进一步研究。

追踪 DNA

为探究“大白鲨咖啡厅”中大白鲨和其他海洋生物的分布，科学家使用了一项创新的海洋监测技术：环境 DNA 监测。环境 DNA 是从各种环境样本（土壤、水、空气等）中搜集的 DNA。在海水中，环境 DNA 可能有多种来源，如海洋生物受损组织、脱落细胞、排出的代谢废物。相比其他海洋生物监测技术，环境 DNA 监测的不同之处在于，它并不被用来寻找任何生物本身，而是使用生物可能留下的痕迹来推断生物的存在。

“佛克号”海洋调查船的采水器在海下不同深度采集了多份水样。这些看似清澈的海水中，悬浮着许多肉眼无法看到的微小细胞和颗粒。科学家用超细滤膜过滤海水，将这些微小细胞和颗粒收集起来，经过物理和化学处理，从中提取环境 DNA。这一步得到的环境 DNA，包含这片海域中近期活动过的所有生物（植物、细菌、鱼类和无脊椎动物等）的生物遗传物质。

为了只提取来自鱼类的 DNA，科学家大量扩增样本 DNA 中来自脊椎动物的 DNA 片段。随后，科学家用纳米孔测序仪对扩增出的 DNA 片段进行测序。这一步操作是本次科考航行中最具有开创性的环节之一。在以往的海洋科考中，科学家都是把样本带回岸上的实验室进行测序，而在此次科考中，在环境 DNA 提取后 24 小时内就能得到测序结果。经过第一批样本测序，科学家发现了大白鲨和几个不同种鱼类的基因特征。科学家每隔两三天就会进行一次测序，结合拖网捕捞结果和远程相机的影像记录，研究海洋中的生物类型。

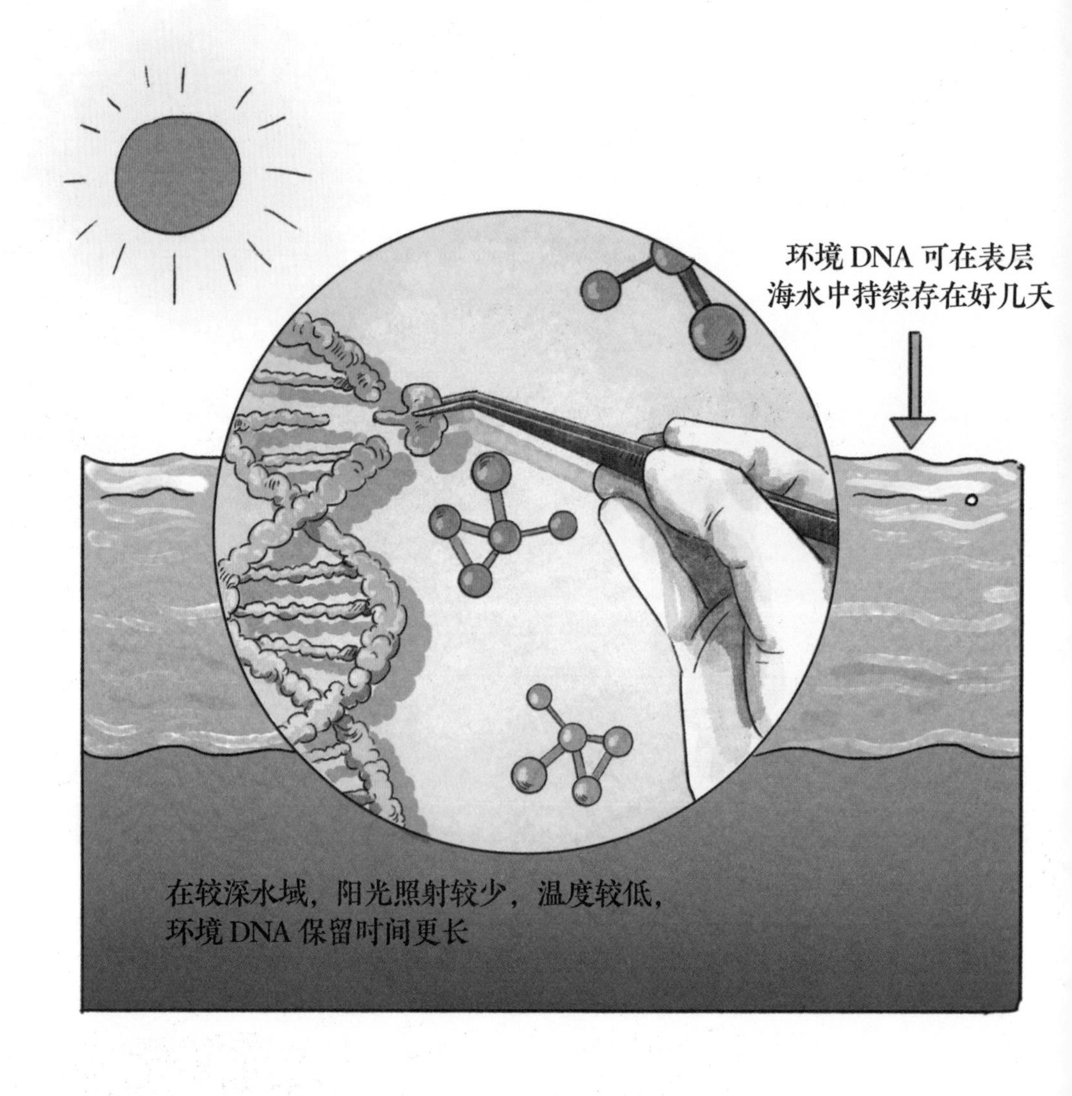

环境 DNA 监测也有不足。此前有研究表明，环境 DNA 可在表层海水中持续存在好几天。在较深水域，阳光照射较少，温度较低，环境 DNA 保留时间更长。现有监测技术还不能确定海水中监测到的环境 DNA 具体是什么时候留下的。此外，环境 DNA 也可能随洋流漂移，因此在海水中监测到的环境 DNA 可能来自其他海域。不过，即使有这些局限性，环境 DNA 监测仍然是一种很强大的评估海洋生物多样性的方法。

纳米孔测序仪

这种便携式DNA测序仪只有巴掌大小，它可以在测序的同时把数据实时传输到相连的计算机。纳米孔测序仪不仅能读取样本DNA的每一个碱基对，还能识别被称为“DNA条形码”的物种特征序列。通过将“DNA条形码”与数据库中的海洋生物DNA信息进行比对，科学家就可以知道这些DNA来源的物种。

善于隐藏的小动物

在全世界的海洋中，有无数小型生物每天在它们白天的栖息地和夜间觅食区之间往返。这些体长在2～20厘米的鱼类、甲壳类动物、鱿鱼等头足纲动物被统称为“微型游泳生物”。它们个头虽小，游泳能力却很好。虽然这些微型游泳生物的移动距离与大白鲨或鲸数千千米的游动距离相比微不足道，但它们的日常垂直迁移却是一个惊人现象。

在每天的垂直迁移中，微型游泳生物在捕食和被捕食之间达到微妙的平衡。浮游植物是组成开放海域食物网的基础，它们生活在阳光充足的透光层中，浮游动物也聚集在这附近。这些浮游生物是许多微型游泳生物最喜欢的猎物。然而，微型游泳生物并不是唯一喜欢在浅层海水捕食的生物。许多体型较大的捕食者（如金枪鱼、鲨鱼等）捕猎时对视力的依赖较强，因此也偏好在阳光充足的浅层海水中活动。于是，微型游泳生物白天撤回到昏暗的深层栖息地，以避免被这些捕食者吃掉。到了晚上，在黑暗的掩护下，微型游泳生物垂直迁移到浅层海水中觅食。

黑夜

到了晚上，在黑暗掩护下，微型游泳生物垂直迁移到浅层海水中觅食

开阔海域里的栖息地是完全暴露的，微型游泳生物无法藏身于石块或植物丛中，只能利用水和光线来伪装自己。令人惊叹的是，不同的微型游泳生物会采用类似方案隐藏自己和捕捉猎物。融入黑暗的最简单策略是拥有黑色或红色外表。虽然红色在陆地上引人注目，但由于阳光中的红光在浅层海水中被吸收，所以红色的动物在深海中看上去是漆黑的。还有一些微型游泳生物是透明的，让光线透过身体以实现隐身。虽然微型游泳生物栖息的海域一片昏暗，但它们在游动时还是有可能投下阴影。为了躲避潜伏在下方的捕食者，许多微型游泳生物的腹部长有发光器官，依靠其发出的微光消除自己的影子。

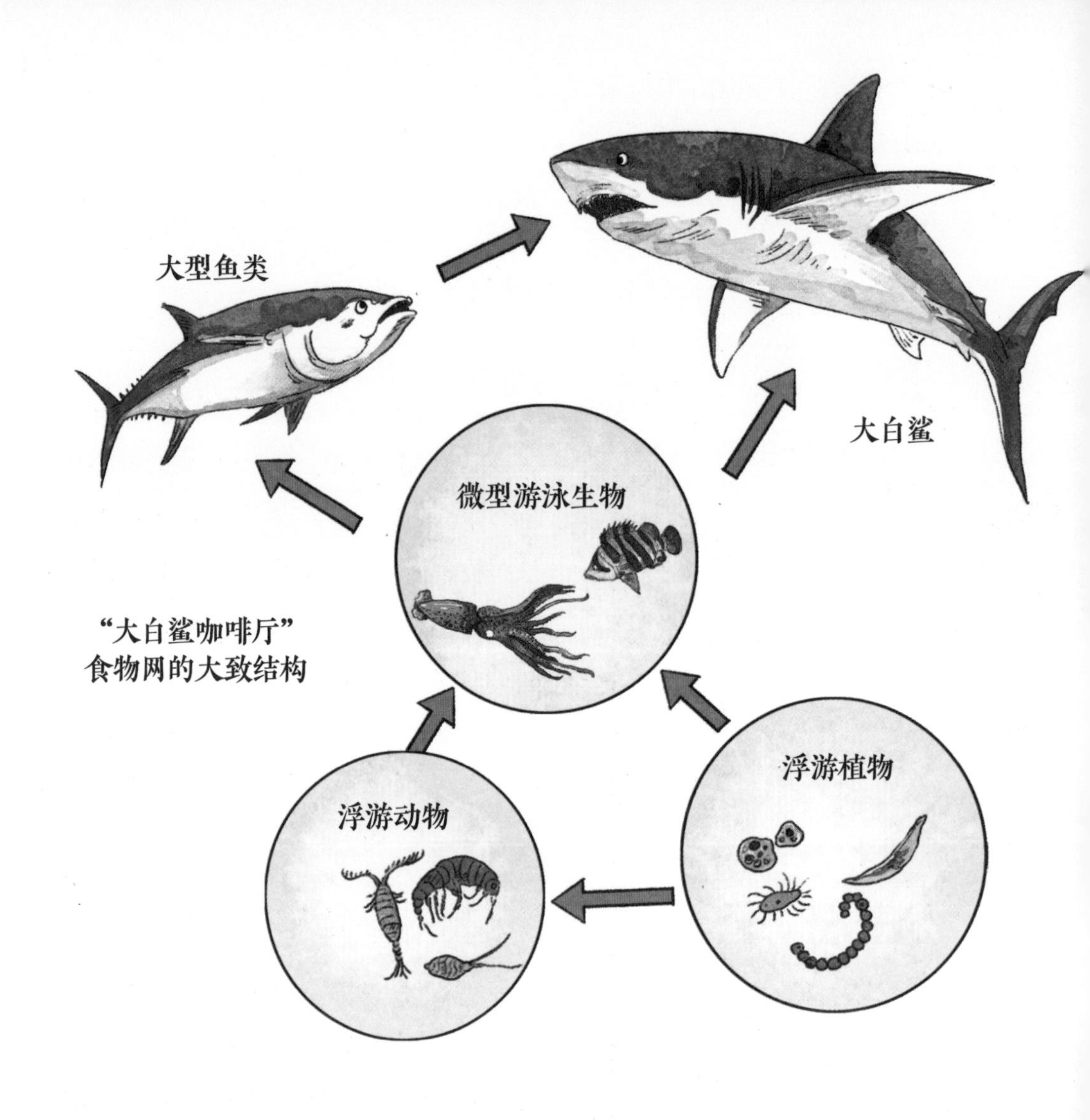

“大白鲨咖啡厅”
食物网的大致结构

在开放海域的食物网中，微型游泳生物扮演着重要角色。它们是众多大型鱼类、哺乳动物和鸟类的猎物。微型游泳生物常常多个物种聚在一起，形成巨大而密集的群体，覆盖面积可达数百平方千米。尽管微型游泳生物具有重要的生态意义，科学家对它们的了解却相对较少，因为很难对它们进行取样。

几乎每一种大型海洋食肉生物在其生命的某个阶段都会以微型游泳生物为食，这些捕食者中有的具有商业捕捞价值（如金枪鱼），有的是保护动物（如鲨鱼）。微型游泳生物每天的垂直迁移使捕食者共享一个食物来源，有些捕食者可潜入深海，有些捕食者则只能在微型游泳生物靠近海面时捕捉它们。

微型游泳生物的日常垂直迁移也有助于海洋吸收二氧化碳。它们在夜晚摄入碳，在白天将碳释放到更深的水域。这是微型游泳生物在物理上将碳泵入海洋深处。

微型游泳生物的日常垂直迁移有助于海洋吸收二氧化碳

作为食物链顶端的捕食者之一，大白鲨在食物链中充当维持下游物种稳定的重要角色，同时也是判断海洋生态是否健康的一个指标。大白鲨有助于消除被捕食物种中的病弱个体，还有利于保持物种多样性，在海洋生态系统中起着不可忽视的作用。为确保海洋生态系统健康，我们必须密切关注这些食物链顶端的捕食者，大白鲨无疑是其中最神秘和最具代表性的物种之一。

同位素 揭示大白鲨“食谱”

动物组织中的稳定同位素组成可以作为一种内在标记来了解动物的饮食结构。当捕食者食用并消化猎物时，会将猎物体内的有机物吸收到自己的组织中，这个过程中猎物将体内的稳定同位素特征传递给了捕食者。此外，如果捕食者在不同区域之间迁移，而这些区域中猎物的稳定同位素组成不同，那么迁徙动物体内的稳定同位素组成也会在迁徙过程中逐渐改变，这种变化能够反映动物在新栖息地的饮食结构。

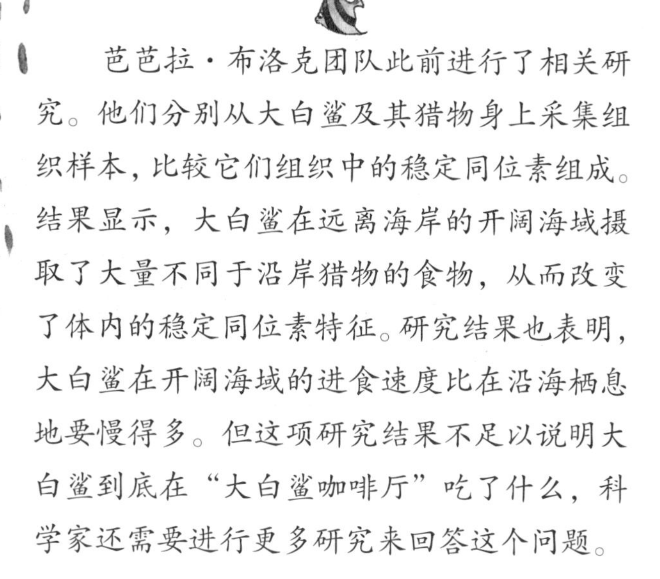

芭芭拉·布洛克团队此前进行了相关研究。他们分别从大白鲨及其猎物身上采集组织样本，比较它们组织中的稳定同位素组成。结果显示，大白鲨在远离海岸的开阔海域摄取了大量不同于沿岸猎物的食物，从而改变了体内的稳定同位素特征。研究结果也表明，大白鲨在开阔海域的进食速度比在沿海栖息地要慢得多。但这项研究结果不足以说明大白鲨到底在“大白鲨咖啡厅”吃了什么，科学家还需要进行更多研究来回答这个问题。

大白鲨小档案

大白鲨，是世界上最大的食肉鱼。作为好莱坞电影《大白鲨》中的头号反派，大白鲨凶残可怕的形象深入人心。但事实上，目前人们对大白鲨的生活和行为了解甚少。

分布：大白鲨种群分布于鱼类和海洋哺乳动物资源丰富的热带、亚热带、温带海域，几乎所有水温在 12~ 24° C 的沿海和近海水域都有大白鲨的活动痕迹。

身体结构：大白鲨体形硕大，有尖锐的圆锥形鼻子，以及强壮的新月形尾巴。成年大白鲨的平均长度为 6.2 米，平均重量为 3 000 千克，牙长 10 厘米。大白鲨的名字来源于其白色的腹部，而它们的背部和侧面是淡蓝色、灰色或淡褐色的。大白鲨是天生的猎手，拥有强壮的肌肉和敏锐的嗅觉。大白鲨巨大的口中有大而尖的锯齿状牙齿，这些锋利的牙齿不仅可以撕碎猎物皮肉，还能把猎物骨骼也咬碎。大多数鱼类是变温动物，但大白鲨是一种半恒温动物。大白鲨体内有复杂的循环系统，能将游泳时肌肉收缩产生的热量通过血液循环传递给身体其他部位，使身体核心区域保持相对恒定的温度，这种特性使大白鲨能在寒冷的海水中活动。

食性：大白鲨食性很广，它们的猎物包括鱼类（金枪鱼和小型鲨鱼等）、鲸类、鳍足目动物（海豹、海狮等）、海龟和海鸟等。幼年大白鲨主要吃鱼类，成年大白鲨最爱的食物是富含脂肪的海洋哺乳类动物，如海豹和小型鲸类。

繁殖：大白鲨是卵胎生鱼类。卵在雌鲨的子宫中成熟。幼鲨孵出后待在子宫中并继续生长直到出生。雌鲨每胎可以产出 5 ~ 10 尾幼鲨，刚出生的幼鲨长达 1.5 米。科学家认为大白鲨会在温带海洋中的固定区域进行交配和产崽，但尚不清楚这一具体位置。

袭击人类：在所有鲨鱼袭击人类的记录中，大白鲨袭击人类的事件占多数。但科学家认为，大白鲨袭击人类并非为了捕猎，因为对大白鲨来说人类并不适合食用。实际上，在绝大多数大白鲨伤人事件中，大白鲨都是咬过一口就失去兴趣。一些科学家认为，大白鲨对人类的攻击源于它们的好奇心。大白鲨是最具好奇心的海洋生物之一，它们经常会试探性撕咬海上的各种漂浮物。另一些科学家认为，这些攻击可能是大白鲨将人类误认为是海豹等猎物的结果，当它们发现错误后，通常会停止攻击。

天敌：作为海洋食物链中的顶级食肉动物，大白鲨几乎没有天敌。虽然年幼的大白鲨有时会被较大的鲨鱼吃掉，但总体来说它们在生长过程中潜在的天敌很少，几乎没有其他动物敢招惹成年大白鲨。科学家曾观察到虎鲸袭击大白鲨的案例，但这种情况不常见。

大白鲨的食物

金枪鱼

小型鲨鱼

鲸

海豹

海龟

海鸟

让我们一起走近大自然，探索奇妙世界吧！